卷卷爷爷的科考日志

去看看！我们的国家公园

·武夷山国家公园·

上尚印象 / 著绘

中信出版集团 | 北京

图书在版编目（CIP）数据

去看看！我们的国家公园．武夷山国家公园 / 上尚印象著绘．-- 北京：中信出版社，2023.7
（卷卷爷爷的科考日志）
ISBN 978-7-5217-5597-8

Ⅰ．①去… Ⅱ．①上… Ⅲ．①武夷山－国家公园－科学考察－少儿读物 Ⅳ．① S759.992-49

中国国家版本馆 CIP 数据核字（2023）第 062884 号

去看看！我们的国家公园　武夷山国家公园
（卷卷爷爷的科考日志）

著　　绘：上尚印象
出版发行：中信出版集团股份有限公司
（北京市朝阳区东三环北路27号嘉铭中心　邮编　100020）
承 印 者：北京联兴盛业印刷股份有限公司

开　　本：787mm × 1092mm　1/12　　印　　张：4　　字　　数：75千字
版　　次：2023年7月第1版　　印　　次：2023年7月第1次印刷
书　　号：ISBN 978-7-5217-5597-8
定　　价：24.00元

出　　品：中信儿童书店
图书策划：喜阅童书
策划编辑：朱启铭　由　蕾　史曼菲
责任编辑：陈晓丹
营销编辑：孙雨露　张　琛　李　彤
装帧设计：上尚印象　谢佳静

服务热线：400-600-8099
投稿邮箱：author@citicpub.com

前言

2021 年 10 月，我国首批国家公园名单正式公布，国家公园这个概念开始走进大家的视野。简单地说，国家公园是我们国家最高级别的自然保护区，它能为生态旅游、科学研究和自然教育提供场所。

“幅员辽阔，地大物博”是对我们国家的形容，每个人都听说过，但在孩子的心中，对这样的形容很难有一个准确的概念。看过“卷卷爷爷的科考日志”系列绘本后，孩子会发现，我们的国家有多种类型的生态系统、壮丽的自然景观、丰富的动植物资源，那么“幅员辽阔，地大物博”在孩子心中自然能呈现出一幅生动立体的美丽画卷。

卷卷爷爷和卷卷是上尚印象团队的原创人物，卷卷爷爷是一位见多识广、和蔼可亲的老爷爷，卷卷是一个聪明调皮的小朋友。翻开这套书，就仿佛跟着卷卷爷爷的步伐一起去看世界，或是和卷卷一起聆听爷爷讲故事。

这是一套有趣的自然科普绘本，涵盖内容非常广泛。用童真可爱的画面、生动有趣的文字介绍了丰富多样的生态系统、珍稀的野生动植物、令人惊叹的自然景观、原始独特的民俗文化，其中还融入了趣味十足的自然科普知识，以及环境保护、人与自然的关系等很多值得思考的命题。

现如今，自然教育越来越被大家所重视，国家公园设立的目的之一也是提供自然教育的场所，让人们能够直接走进大自然，与大自然面对面地交流。上尚印象团队希望能以科普绘本为起点，让孩子自由快乐地拥抱自然。

童书能够帮助孩子认识世界，对孩子的成长有很重要的作用。热爱与真诚是上尚印象团队永恒的力量，我们愿意从孩子的角度出发，聆听孩子的需求和愿望，用心钻研每一个细节，为孩子呈现最有价值的童书。

宋超

目录

卷卷爷爷

卷卷爷爷一直行走在科学考察的路上，一边考察，一边以手记的形式做记录。近年来，他开始整理科考手记，希望能够把科考时的所见所闻整理成“卷卷爷爷的科考日志”系列图书，让更多的人了解他曾去过的地方，呼吁人们保护自然、敬畏自然，对世界永远保持好奇心。

大耳怪

大耳怪是一只呆萌可爱的腊肠狗，喜欢和卷卷一起玩，也喜欢跳到爷爷身上。大耳怪是卷卷的好朋友，也是爷爷的小宝贝。当爷爷说起探险经历时，它会和卷卷一起静静地听。但事实上，没有人知道它到底能不能听懂这些话。

卷卷

卷卷是一名小学二年级的学生，因为有一头卷卷的头发，所以名字叫卷卷。卷卷热爱自然，喜欢提问，喜欢扮演小动物，喜欢听探险家爷爷讲曾经的探险经历，和爷爷共同整理科考手记。

卷卷爷爷是一位生物学家、地质学家、探险家。他年轻时去过很多地方，并将自己的所见所闻以手记的形式进行了详细的记录。2021 年 10 月，我国第一批国家公园名单正式公布后，卷卷爷爷以五个国家公园为主题，开始整理自己的科考手记，最终形成了“卷卷爷爷的科考日志”系列图书。卷卷爷爷的目的是帮助更多的人了解我国的国家公园，期待公园内的动植物、自然景观、生态环境等都得到更好的保护和修复。卷卷看到爷爷的科考日志后，提出了很多疑问，于是爷爷开始讲述过去的经历。

卷卷找到了一包爷爷保存得很好的茶叶，和茶叶放在一起的，还有一本新的科考日志。卷卷好奇地去问爷爷，卷卷爷爷的脸上露出笑容， 他一边沏茶，一边在茶的香气中将武夷山国家公园的探险故事娓娓道来。

武夷山国家公园珍贵之物可不少呢！有美丽的景色、珍稀动植物，还有历史悠久的人文景观……

卷卷爷爷的科考路线

武夷山国家公园包括福建武夷山国家级自然保护区、江西武夷山国家级自然保护区，以及九曲溪、武夷宫、桃源洞等景区。美丽的景色，历史悠久的文化遗产，丰富的生物资源，共同构成了这个人间天堂。

福建武夷山国家级自然保护区是武夷山国家公园的重要组成部分。这里是名副其实的资源宝库。

福建武夷山国家级自然保护区

第 14~19 页

武夷山横跨福建、江西两省。位于江西境内的武夷山国家级自然保护区也被称为北武夷。这里风景如画，有很多珍稀动物。

江西武夷山国家级自然保护区

第 20~23 页

武夷宫的人文气息非常浓厚，宋代理学家朱熹曾在这里讲学。

武夷宫景区

第 26~29 页

蜿蜒秀美的溪水是九曲溪的特色。溪水绕山折过九个弯，形成九曲溪。乘坐竹筏游览是个很好的选择。

九曲溪景区

第 24~25 页

武夷山国家公园有好多有趣的旅游景点呀!

这里有形似雄鹰尖嘴的鹰嘴岩和形似燕子的燕子峰。倾泻而下的瀑布造就了水帘洞和浴龙池，趣味十足。

水帘洞景区

第 40~41 页

桃源洞好像陶渊明笔下的世外桃源，桃花盛开时，漫天桃花飞舞。这里也有武夷山道教活动场所。

在云窝-天游景区，既可以登高望远，又可以赏景喝茶。在云窝观看云雾飘荡，或者登顶天游峰，都是不错的选择。

险而又险的一线天-虎啸岩是大自然鬼斧神工的最佳体现，而人工雕刻的观音像则给人另一种震撼之感。

天心岩是武夷山重要的产茶区之一。武夷山现存最大的佛寺天心永乐禅寺也在这片景区。

“双料冠军”武夷山国家公园

横跨福建、江西两省的武夷山国家公园，总面积约 1280 平方千米，是我国拥有世界文化与自然双重遗产的国家公园。公园面积广阔，河流众多，植被茂密，是中亚热带野生动植物的基因资源库，也是生态文化旅游的好去处。

武夷山国家公园的地貌

武夷山国家公园的主要山脉呈东北—西南走向，是以丘陵山地为主的低山区地貌。这里地貌的形成是地质构造、流水侵蚀、重力崩塌等多方面因素综合作用的结果。

纵横交错的河流

公园园区内河流众多，主要有九曲溪、桐木溪等。这些蜿蜒曲折的河流都属于山地河流。

多元的自然资源

武夷山国家公园拥有多种多样的陆生动植物资源和水生生物资源，很多物种只有在这里才能看到，如武夷林蛙和武夷山对叶兰等。这个巨大的“生物天堂”吸引了无数学者的目光。

爷爷的科考日志

世界遗产

世界遗产包括世界文化遗产、世界自然遗产、世界文化与自然双重遗产，是人类智慧与自然造就的璀璨明珠。我国的国家公园中就有许多世界遗产。

碧水丹山——武夷山

武夷山，又名虎夷山，是江西和福建两省的界山。武夷山地势较高，山体层峦叠嶂，许多山峰海拔 1000 米以上。这里有造型奇特的丹霞地貌，吸引了大批游客的目光。

秀美的玉女峰

这座仿佛亭亭玉立的少女一般的山峰就是玉女峰，它是武夷山典型的柱状山。如今，玉女峰已成为福建省的标志。

美丽的黄岗山高山草甸

武夷山主峰黄岗山山顶有一片高山草甸。金秋时节站在山顶放眼望去，遍地的野金针花间，蝴蝶纷飞，野兔欢腾。

壮阔的黄岗山

黄岗山是武夷山主峰，也是武夷山的最高峰，有“武夷支柱”之称。黄岗山雄伟壮阔，登临峰顶，一览众山皆小。山顶生满野金针花，在八、九月开花时节，山顶遍染金色，犹如金色的海洋。

霸气的大王峰

大王峰跨越九曲溪口，是进入武夷山的第一峰，海拔约 530 米。因为山形很像古代官员的纱帽，人们觉得它很有王者的威仪，所以起名为大王峰。

爷爷的科考日志

山峰的形状

武夷山山峰主要有三种形状。第一种是一面陡峭，另一面平缓的单面山；第二种是山体形状像桌子，四面陡峭，山顶平缓的桌状山；第三种是整个山体呈锥状或柱状的柱状山。

年代久远的丹霞地貌

丹霞地貌是坚硬的红色砂岩和砾岩，经过风化、崩塌和其他侵蚀作用形成的一种特殊地貌。这种地貌呈红色，很像天边的彩霞，所以得名“丹霞”。从 1.4 亿年前开始，大自然精心雕琢上亿年，才把美丽的丹霞景观展现在我们面前。

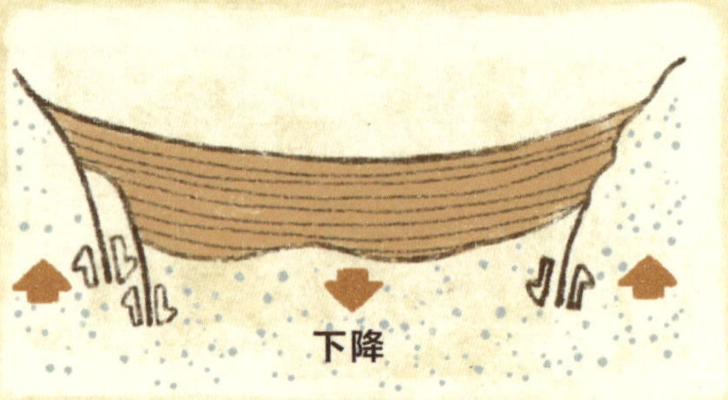

❶ 1.4 亿 ~ 0.7 亿年前

在此期间，由于太平洋板块向欧亚板块俯冲，红色地层下降成为盆地。

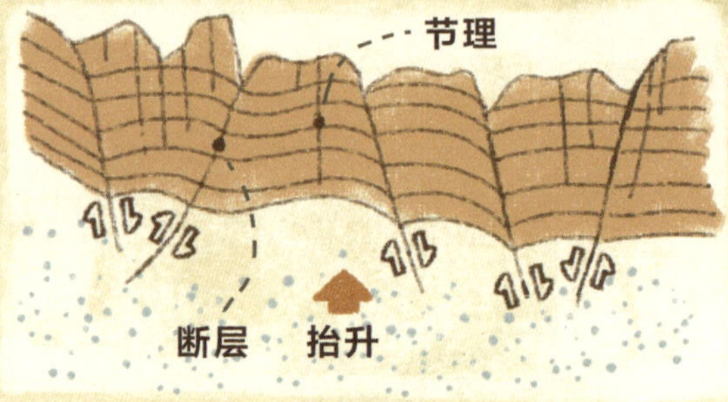

❷ 0.65 亿 ~ 0.2 亿年前

随着地壳的运动，红色盆地被慢慢抬升为红层高原，岩石也形成了很多断层和节理。

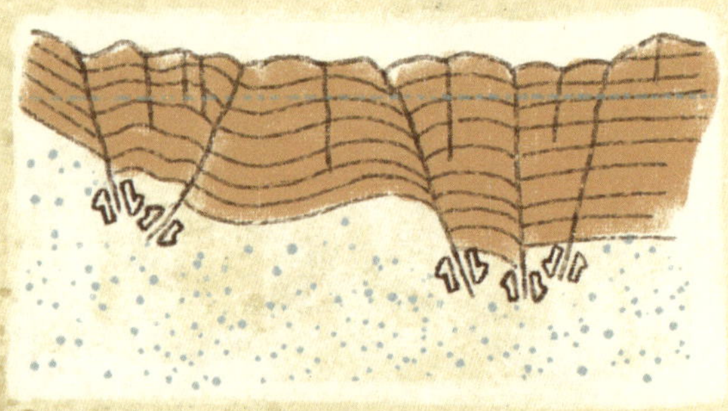

❸ 0.1 亿 ~ 0.05 亿年前

流水沿着断层和节理侵蚀岩石，伴随着风化和崩塌，红层高原逐渐被侵蚀成坡度较缓的岩层。

❹ 0.05 亿年前以来

受地壳运动的影响，缓坡岩层被间歇抬升，再加上流水不断下切侵蚀，就形成了现在美丽的丹霞景观。

节理

岩石受到力的作用发生破裂，且裂隙面两边的岩块没有明显的位置移动，这种小裂缝就被称为节理。

断层

当岩石受到力的作用发生错断，且断裂面两边的岩块发生了明显的位移，这就是断层。断层有大有小，大的断层可以延伸数百米，而小的断层可能只有几十厘米。

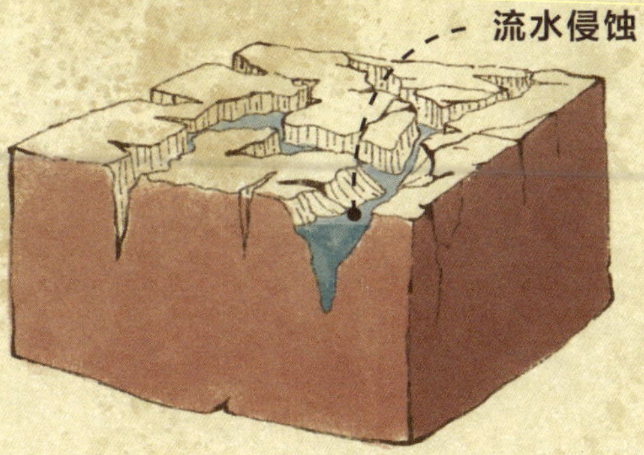

青年期丹霞

这一时期，红色地层中的山体，有被抬升造成的断层或节理，它们是最容易被外力侵蚀的部分。

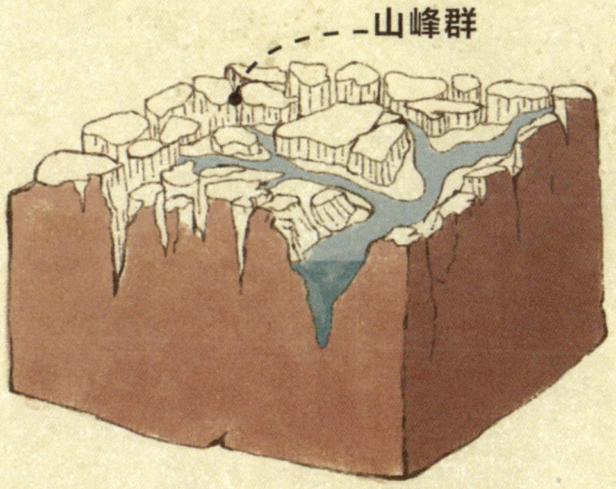

壮年期丹霞

壮年时期，由于被长期侵蚀，红色地层开始形成美丽的红色山群和各种造型千奇百怪的红色山峰。

老年期丹霞

老年时期，由于强烈的侵蚀，很容易形成孤零零的残峰。当残峰消失后，红层盆地会再次成为接近平原的地形。

泼墨岩

泼墨岩是由于黑藻在岩壁上聚集，形成了这种好像谁把墨水泼到了岩壁上的奇景。这一抹永不褪色的墨痕，让人不禁感慨大自然的鬼斧神工。就是从武夷山泼墨岩开始，人们把那些黑藻聚集的岩壁都叫作泼墨岩。

武夷大峡谷中的山光水色

武夷大峡谷是武夷山国家森林公园的重要组成部分。在这里，我们可以欣赏自然风光，放松心情，尽情享受大自然的馈赠。

武夷大峡谷中的青山

在武夷大峡谷中，山脉的沟壑是时间造就的奇迹。从高峰到谷地，峡谷中的山色无不体现了层峦叠嶂之美。高峰险峻，低丘秀美，处处入画，座座成诗。

武夷大峡谷

武夷大峡谷中的绿水

武夷大峡谷中不仅有山，还有水。从瀑布到深潭，流水根据不同地形呈现出不同的美。瀑布如同无形的刀锋，深潭好似闪光的翡翠，各有姿态，令人叫绝。

爷爷的科考日志

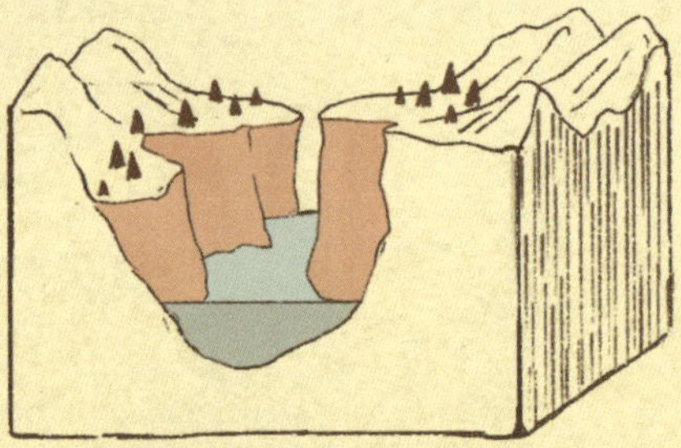

什么是峡谷？

峡谷是指深度大于宽度，谷坡十分陡峭的山谷。地球内、外力的共同作用，造就了丰富多样的峡谷类型。

桐木溪 ▶ 桐木溪发源于武夷山黄岗山和青龙大瀑布，是九曲溪的源头之一。桐木溪的漂流也非常有名。

红河谷 ▶ 红河谷位于大峡谷生态公园的南部，由武夷红层岩体构成。谷中河流的河床呈红色，所以清莹的溪水流淌在谷中透出殷红色。

翡翠谷 ▶ 我们可以在大峡谷生态公园北部找到它。这里有五光十色的五彩池，还有碧如翡翠的深潭。

福建武夷山国家级自然保护区

福建武夷山国家级自然保护区拥有丰富的资源和绝佳的环境。在桐木村，我们可以品红茶、游桐木关；在挂墩村，鸟、蛇和昆虫等动物自由生活；而走进大竹岚，就走进了绿色的竹子王国。

与茶共生的桐木村

桐木村是世界红茶的发源地之一，桐木村独特的地理位置和制茶工艺，使这里出产的红茶闻名世界，最有名的非正山小种莫属。

世界红茶的鼻祖

明朝中后期，桐木关出产的茶叶闻名天下，在16世纪末、17世纪初，正山小种由外国商人带入欧洲，立即在海外掀起了一阵饮茶狂潮。自此，正山小种红茶在欧洲成为中国红茶的象征，被誉为“世界红茶的鼻祖”。

爷爷的科考日志

桐木关

桐木关是武夷山八大雄关之一。这里拥有良好的生态环境，享有“开启物种生物基因库钥匙”的美誉。

生物聚集地——挂墩村

挂墩村像是悬挂在云雾间的村落，风景迷人。这里是“鸟的天堂”“蛇的王国”“昆虫的世界”，很多新物种也在这里被发现，如挂墩角蟾和挂墩鸦雀等。

美丽的绿色王国

大竹岚是福建武夷山国家级自然保护区的核心区域，这里人、竹、动物和谐共生。大竹岚因竹闻名，是竹子组成的绿色王国。进入大竹岚置身于竹海，让人流连忘返。

名不虚传的竹乡

大竹岚是竹林分布非常密集的地方，是中国毛竹示范基地，有“竹乡林海”的美称。微风吹过，各种竹子随风舞动，翠海扬波，无愧于“竹乡”的称号。

大竹岚的竹子

大竹岚是竹子的王国，这里既有毛竹之类的经济竹种，也有像方竹、肿节竹和矮竹等只有在大竹岚才能找到的特有种类。

种类繁多的动物

大竹岚这片区域动物种类极其丰富。短尾鸦雀、黄嘴角鸮、白颈长尾雉、金斑喙凤蝶、黄腹角雉等，在这里自在地生活。

爷爷的科考日志

经济作物

经济作物也叫“工业原料作物”。一般指为工业，特别是为轻工业提供原料的作物。例如，毛竹可以成为制作竹筏、斗笠等的原料。

闻名中外的“自然天堂”

福建武夷山国家级自然保护区拥有许多动植物种群，有不少人们尚未认识的动物在这里揭下了它们神秘的面纱。

蛛网萼

蛛网萼是落叶灌木，主要分布在低山丘陵地带。它一般生长在溪水旁边，习惯阴湿环境，不喜欢阳光，在强光下甚至会枯萎。

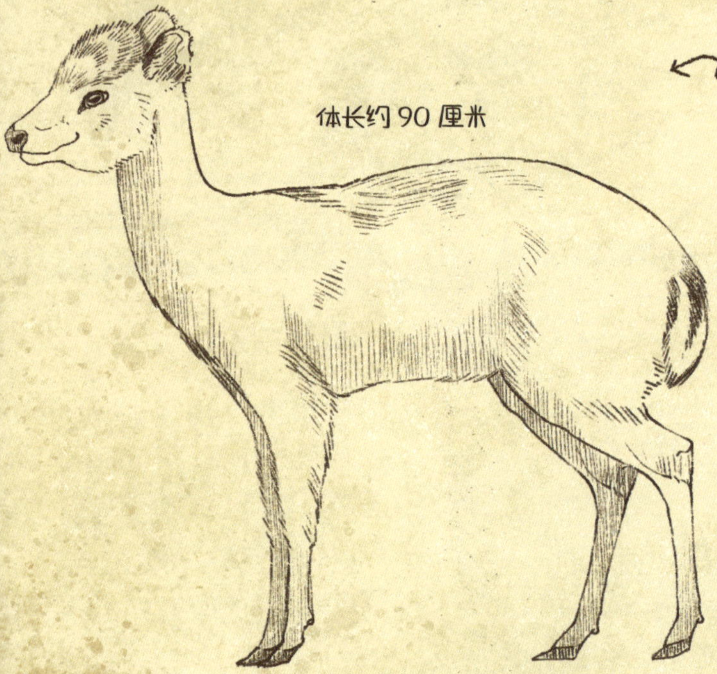

毛冠鹿

毛冠鹿也叫青麂，是一种小型鹿。它是食草动物，一般生活在山区的丘陵地带或繁茂的竹林等地方。毛冠鹿会在夏天到来后到较高的山上避暑，冬天则回到低山向阳处避寒。

毛冠鹿

黄腹角雉

黄腹角雉是中国特有的鸟类，经常5～9只小群活动。它们一般不起飞，反应迟钝，所以又被称作“呆鸡”。

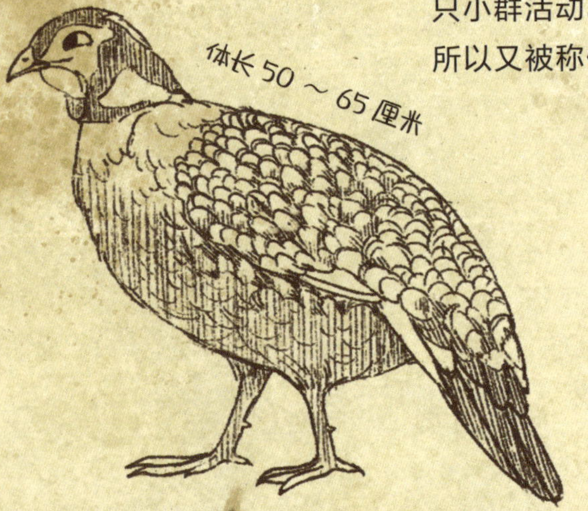

短尾鸦雀

短尾鸦雀又叫挂墩鸦雀，头和颈部大多是橙棕色的。它们大部分时间过着集体生活，虽然数量众多，但它们个头小，行动也隐蔽，不是很容易被发现。

白颈长尾雉

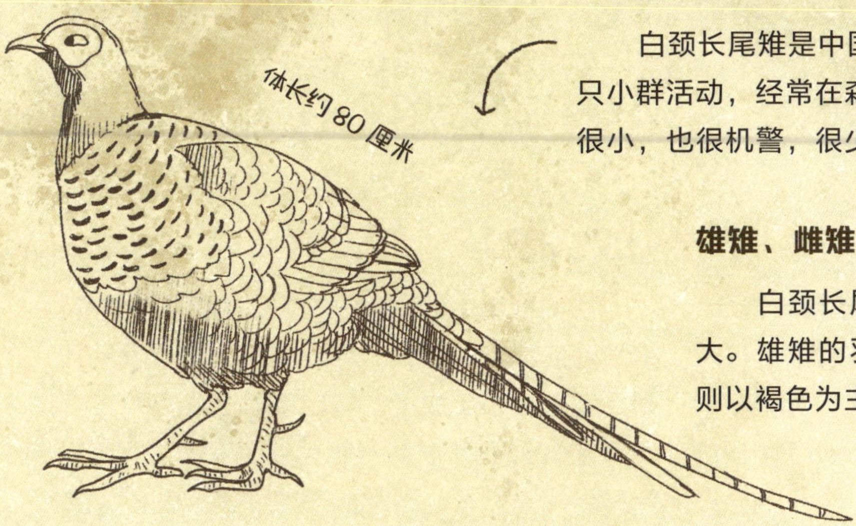

白颈长尾雉是中国特有鸟类，喜欢群居生活，一般会 3 ~ 8 只小群活动，经常在森林茂密、地形复杂的地方出现。它们胆子很小，也很机警，很少鸣叫，所以很难见到。

雄雉、雌雉羽毛大不同

白颈长尾雉雄性和雌性的羽毛相差较大。雄雉的羽毛要艳丽一些，雌雉的羽毛则以褐色为主，白色与褐色相间。

白眉山鹧鸪

白眉山鹧鸪也是中国特有的物种。它一般晚上会住在树上，受到惊吓后，会短暂地飞行一小段距离。白眉山鹧鸪的叫声悠长而婉转，十分动听。

武夷蒲儿根

武夷蒲儿根看起来纤细弱小，但它一般生长在山顶草甸或者岩壁上，要在海拔很高的地方才能见到。

崇安髭蟾

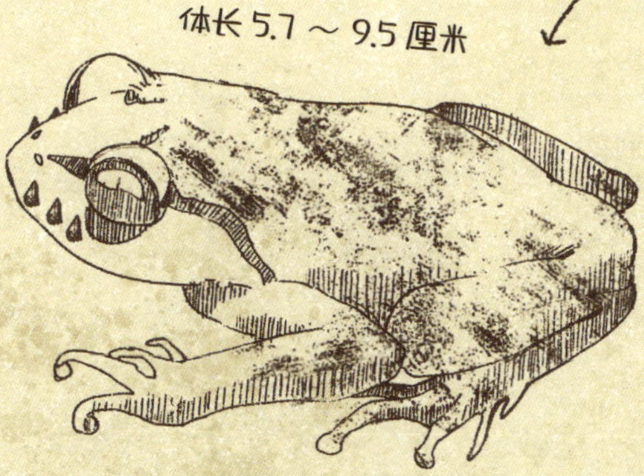

崇安髭蟾也被称为“角怪”。想见到它们，可以在溪水附近的草丛、土穴内或石块下找一找，它们偶尔也会出现在农耕地里。崇安髭蟾喜欢吃各种昆虫。

江西武夷山国家级自然保护区

江西武夷山是世界同纬度带现存最典型、面积最大、保存最完整的国家级自然保护区，这里动物资源丰富，植物物种多样，具有很高的保护价值。

鲜为人知的江西武夷山

提起武夷山，很多人只知在福建，实际上它在江西与福建两省的边境。江西武夷山通常被称为“北武夷”，这里平均海拔约1200 米，是我国东南陆地上山地海拔最高的自然保护区。

一山二景三宝

江西武夷山的“一山二景三宝”非常有名。“一山”指的是武夷山脉主峰、海拔 2160.8 米的黄岗山；“二景”则是武夷大峡谷的绝美景观和层次分明的江西森林植被；“三宝”分别是国家一级重点保护野生动物黄腹角雉、黑麂和我国特有的珍稀濒危树种南方铁杉。

美丽的世外桃源

在高山脚下，是云雾缭绕的武夷山镇。镇上的一座座小房子错落有致，人们生活在这幅大自然的画卷中，给这里带来了和谐的烟火气。延续到今天的南方铁杉原始林，也将远古的景色复现在这个世外桃源中。

爷爷的科考日志

南方铁杉

南方铁杉是中国特有的树种，具有很高的经济和科研价值。在江西武夷山国家级自然保护区内，有一片很大的南方铁杉原始林。

探秘江西武夷山

江西武夷山国家级自然保护区是珍稀动植物的聚集地。这里需要保护、可供研究的动植物数不胜数，由于生态环境良好，甚至能看到很多濒危物种。保护区中的鹅湖山国家森林公园，是江西武夷山的一大招牌。

珍稀动植物的乐园

保护区内生活着很多珍稀动植物，如领鸺鹠、寒兰等，这与当地的气候有很大的关系。这里常年气候温和，雨量充沛，光照充足，基本没有极端天气，对很多动植物来说都是适合生活的乐园。

爷爷的科考日志

黑麂

黑麂的胆子很小，稍有响动就会跑进灌木丛中藏起来。对了，它们还会游泳呢！

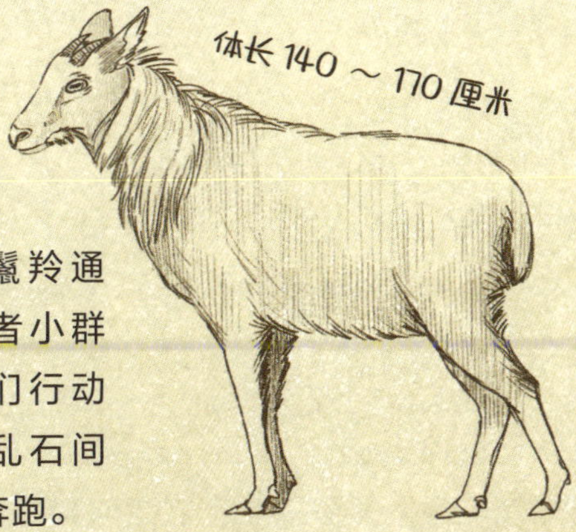

中华鬣羚

中华鬣羚通常独居或者小群生活。它们行动敏捷，在乱石间也能快速奔跑。

领鸺鹠

它是中国最小的猫头鹰之一，白天和黄昏活动比较频繁，晚上喜欢鸣叫，几乎整夜不停。

香榧

香榧比较耐阴、耐寒，枝繁叶茂，十分美丽，是很好的园林绿化树种。香榧种仁炒制后很好吃。

江西鹅湖山国家森林公园

江西鹅湖山国家森林公园景色优美，无论晴雨自成画卷。除了美景，人文历史也是这里的一大特色。宋代理学家朱熹和陆九渊、陆九龄兄弟曾在这里展开过学术论辩，这就是著名的“鹅湖之会”。

蜿蜒的九曲溪

九曲溪是武夷山脉主峰黄岗山西南面的溪流。传说福建山水奇秀当以武夷山为第一，而武夷之魂在九曲溪。蜿蜒清澈的溪水折过九个弯，山挟水转，水绕山行，每一曲都有不同的景致。

水绕山行景色奇

武夷山国家公园中山峰耸峙，九曲溪绕山而行，蜿蜒流淌在山与岩之间。坐着竹筏从一曲到九曲，大王峰、玉女峰、隐屏峰、晒布岩等相继映入眼帘，山与水的美景令人应接不暇。难怪李祚忠的《七绝·九曲溪泛筏》中说：“竹筏稳坐随波下，水碧山青处处奇！”

九曲溪

竹筏漫游九曲溪

九曲溪的河道曲曲折折，山环水绕，浅滩和深潭一个接一个。这里溪水清澈见底，甚至可以看见水底游动的鱼儿。两岸的山石，头顶的云天，倒映水中。乘坐竹筏游览九曲溪，两岸移步换景，碧水波光潋滟，如游仙境。

爷爷的科考日志

摩崖石刻

摩崖石刻是中国古代的一种石刻艺术，指在山崖石壁上摩刻文字、造像或者岩画。在九曲溪能看到朱熹留下的摩崖石刻。

名字背后的故事

九曲溪是因何而得名的呢？原来，武夷山有三十六峰、九十九岩，整个景区峰岩交错，溪流纵横。九曲溪穿行其中，不是直直地分割了山岩，而是三弯九曲，绕过了它们，所以得名九曲溪。

爷爷的科考日志

竹筏漂流

竹筏漂流是武夷山旅游的特色之一。坐上仿古竹筏，沿九曲溪前行，既可见山景，又能赏水色。

钟灵毓秀的武夷宫

武夷宫是历代帝王祭祀武夷神君的地方，也是宋代六大名观之一。武夷宫历史悠久，名扬海内外。这里前有溪流，背靠秀峰，景色美丽，文化底蕴深厚。

悠久的历史

武夷宫始建于唐代天宝年间，距今已经有1000多年的历史。武夷宫经过宋、明、清等多个朝代的整修和扩建，拥有深刻的历史印记。这座历史悠久的古建筑在哪里呢？就在大王峰脚下，九曲溪竹筏游的终点晴川。

武夷宫的“前世今生”

武夷宫一开始称“天宝殿”，944年时叫“会仙观”，辛弃疾、朱熹等人主管的时候，这里已改名为“冲祐观”。1328年，它又得新名“万年宫”。1526年后才名为“武夷宫”，并延续至今。

桂树

武夷宫景区内有两株千年桂树，相传是南唐时李良佐栽种的，后来枯死一株。到了宋代，朱熹又补种了一株。这两株桂树龙盘蛇曲，被称为“桂花王”。

幔亭峰

在大王峰的北侧有一座山，山壁上刻有“幔亭”二字。据记载，汉武帝曾派人在幔亭峰祭祀武夷君。

朱熹像

武夷宫景区有一座朱熹像，看着它，人们仿佛看见朱熹昔日端坐着讲学授业的场景。

万春园

万春园曾是宋代的万春庵，当地管理局把这里建成了一处植物园。园内植物包括各类珍稀花卉达2000余种，百余种珍稀的兰花和造型多姿的盆景摆放得错落有致，不负“万春”之名。

朱熹与朱子理学

朱熹是中国历史上的思想家、哲学家和教育家，是儒学集大成者。朱熹在武夷山生活了近 50 年，开创了儒学思想文化中的朱子理学。可以说，朱子理学的孕育、成熟都在武夷山。

19 岁时，朱熹走进了官场。但他的仕途并不顺利，他一次次辞官回到武夷山，又一次次为了理想从山中走出去，回到官场。

最终，朱熹在他 33 岁时拒绝了宋孝宗的诏命，辞官回家。

辞官后，朱熹用大部分时间做学问，提出了很多著名的思想理论。

朱熹对天文、地理、气象、农业等都很有研究。

54 岁时，朱熹建武夷精舍，在这里授课讲学。

他把“四书”纳入自己的理学轨道。

朱熹用“四书”中的哲理，完成了《四书章句集注》。

朱子理学对元、明、清三朝有着巨大的影响，被认定为官方哲学。朱熹也成了教育史上继孔子之后的一代宗师。

“世外桃源”桃源洞

桃源洞四周群山环绕，向北仰望是高高的三仰峰，当中则是幽深的谷地。桃花盛开时，恐怕没有人会不想在这里拍上几张照片。

桃花环绕的老子石像

桃源洞附近有很多与道教相关的遗留物，这尊巨大的老子石雕坐像就是其中之一。道祖坐在重重桃花之中，让人不禁想起宋代詹复《小桃源》中的“道士不知兴废事，又来溪上种桃花”。

爷爷的科考日志

开源堂道观

开源堂道观曾经几次被毁，后来又在遗址上重建，是目前武夷山保存较为完整的道观，也是武夷山道教活动中心之一。

气势磅礴的三仰峰

三仰峰在桃源洞的北面，东侧峰高陡峭，西侧平缓，山峰三叠，从最高到最低分别为大仰、中仰、小仰。站在三仰峰顶峰，群山尽在脚下。

寓意美好的寿桃石

桃源洞有一块岩体，下方鼓起、上方尖尖，好像一个蟠桃，因此得名“寿桃石”。寿桃石取寿桃吉祥之意，蕴含了人们对生命的美好愿望。

“武夷精华”云窝－天游景区

云窝–天游景区以天游峰为中心，是武夷山风景区的精华地带。这里景色优美，景点众多，非常受游客喜爱。

云窝

茶洞

云窝

云窝是一处由十多个洞穴组成的景观。每到冬天和春天的早晚，洞穴中就会钻出一缕缕云雾，在峰石之间飘荡，时而聚集，时而飘散，因此得名“云窝”。

茶洞

茶洞四周有许多或险峻或秀美的山峰，清静幽微，人在洞中安静又自在。很多古代的名士都曾在附近隐居，周围留下了很多古建筑。

天游峰

天游观

天游峰

登上天游峰，仿佛身处云海之中。在峰顶可以把武夷美景尽收眼底，是纵览武夷群峰、俯瞰九曲全景的绝佳之地。

天游观

天游观是位于天游峰顶的殿宇式楼阁，飞檐翘角，古朴庄严，古色古香。观上有个牌匾，上面写着“遨游霄汉”。天游观是游客饮茶、赏景的好去处。

胡麻涧

胡麻涧

胡麻涧中摩崖石刻众多，所题从道教到佛教，从描写名山胜迹到抒发登山感怀，无所不包。涧侧有一株红豆杉，游客可以躲在树荫下欣赏古人的文字。

仙掌峰

仙掌峰

仙掌峰位于茶洞附近，与天游峰相邻。山体好似硕大的城墙，又仿佛仙人留下的巨大掌痕。传说仙人曾在此晾晒仙锦，所以它也叫“晒布岩”。

隐屏峰

隐屏峰

隐屏峰方方正正，如同一架屏风，常年隐藏在云雾之中，所以叫“隐屏峰”。山腰处有一个岩洞，叫“先天洞”，也叫“伏羲洞”。这里文化价值很高，处处可见古人留下的痕迹。

接笋峰

接笋峰

在隐屏峰的西面，贴着山壁有一块大石头，石头的半腰横裂三痕，仿佛折断了又连接在一起，这就是接笋峰。

一线天 - 虎啸岩景区

武夷山国家公园中的一线天 - 虎啸岩景区，位于九曲溪的第二道弯折处。整个景区以洞天奇观最为出名，有形似猛虎的虎啸岩、奇特的武夷山一线天等。

为什么叫“虎啸岩”？

虎啸岩整体的形状就好像一只趴伏的老虎，每当山风穿过岩上巨洞的洞口时，就会发出巨大的声音，如同老虎啸声，所以得名“虎啸岩”。

你好，虎啸岩！

虎啸岩在玉女峰和武夷山一线天的中间，海拔 510 米，“虎溪灵洞”四个字高悬岩上。虎啸岩陡峭难爬，但这并没有打消游客们游览的心，这片景区可是大热门呢！

爷爷的科考日志

- **一线天景观**

一线天是我国很多名山奇峰中常会出现的美景，因两侧石壁夹峙，缝隙中仅见一线蓝天而得名。一线天大多出现在石灰岩地区，是一种侵蚀地貌，但也有的是由断层形成的。

妙手天成的天成禅院

天成禅院坐落在武夷山虎啸岩下。禅院上覆危崖，下临绝壁，林木掩映，石壁上雕有一尊观音像。远远望去，观音低头垂目，表情慈爱。

“神仙楼阁”楼阁岩

楼阁岩顶天立地，仿佛一道天然的屏障。岩下有巨石堆叠的天然石门——求天门。岩壁上的 108 个洞穴自然错落，乱中有序，仿佛有神仙在此休息。

奇险的武夷山一线天

一线天是武夷山奇景之一。石壁间有步道，狭窄幽深。走在步道上抬头仰望，能隐隐看见窄窄缝隙中的一线天光，这就是令人惊叹的武夷山一线天。

茶与禅的世界——天心岩景区

天心岩景区在武夷山北部，据说这里是武夷山的中心，所以叫“天心”。天心岩是武夷山的产茶区之一，在天心永乐禅寺西面、九龙窠山腰，就是驰名中外的大红袍产地。

天心永乐禅寺

这座寺庙原名山心永乐庵，是武夷山现存最大的寺庙。寺庙风景绝佳，四周古木参天，鸟啼山更幽，颇有意境。禅寺附近有题有“天心明月”等禅语的摩崖石刻，与天心永乐禅寺相映成趣。

天心岩

从九龙窠继续前行，可以看见一座山岩，这就是天心岩。天心岩在武夷群山中的位置比较特殊，是众多名僧向往的地方，因为天心永乐禅寺就在它脚下。

爷爷的科考日志

大红袍茶树

自然生长的大红袍茶树高达两米以上，茶叶采摘期在五月中旬左右。大红袍茶树喜欢酸性的肥沃土壤，更适合种在山上。

九条石龙的巢穴——九龙窠

九龙窠是大红袍茶树的生长地与天心岩之间的一条幽深的峡谷。峡谷两侧山壁连绵起伏，好像九条龙在盘旋戏耍，人们认为这里就是这九条龙的巢穴，因此起名叫九龙窠。九龙窠种植着很多茶树，其中最著名的就是大红袍茶树。

大红袍的“妈妈”——大红袍母树

大红袍母树就生长在九龙窠，这里自然条件优越，而且有终年不断的山泉水滋养。大红袍母树非常珍贵，所以人们特地在岩壁上砌了一个小石座加以保护。

万里茶道

万里茶道是古代以茶叶贸易为开端的长距离贸易通道。在丝绸之路逐渐衰落之后，万里茶道成了沟通亚欧大陆的又一条重要的国际商道，更是重要的中西文化交流通道。

从清朝康熙年间起，一些商人就开始为军队提供物资，以换取在边境贸易的权利，一般是用生活必需品换取毛皮和动物等。

18 世纪，茶叶成为以肉食为主的蒙古人、俄罗斯人的必需品。

1728 年《恰克图条约》签订后，中俄开始了大规模的茶叶贸易。

晋商常万达捕捉到这一商机，开始在武夷山购买茶山，在下梅村设茶庄。

商人在包茶时会多包四两，防止它因水分蒸发不够重量。

商人们与船帮合作，通过水路运货。

再雇用当地人完成水陆交接的部分。

最后驼队穿越沙漠，抵达边境。

经过商人们的努力，下梅村变成了闽北地区最大的茶市。以下梅村为起点，中国武夷岩茶的盛名传向了世界。

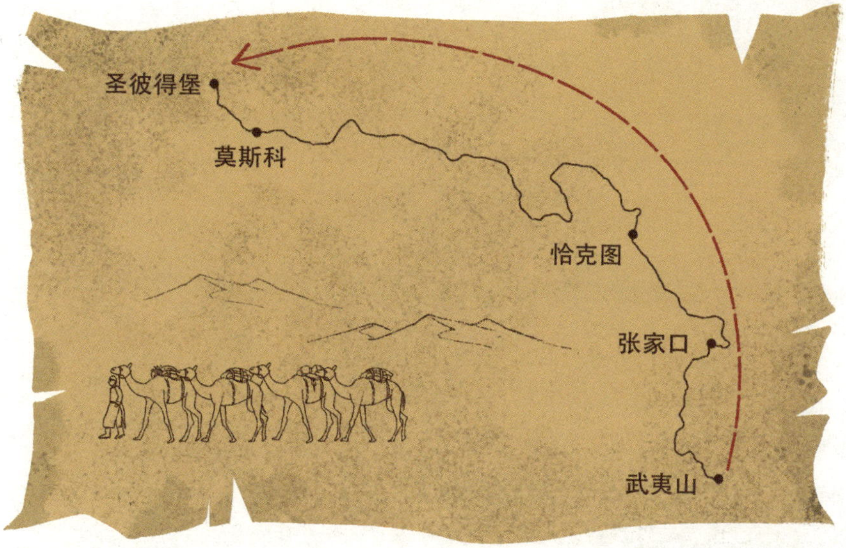

奇山秀水的水帘洞景区

水帘洞景区在武夷山的北面，面积约 17 平方千米，是武夷山最大的景区。主要景点有鹰嘴岩、流香涧、水帘洞、浴龙池、燕子峰等。这里有山也有水，是一处风景绝佳的赏景地。

“鹰的尖喙”鹰嘴岩

鹰嘴岩是一块巨大的岩石，光秃秃的岩顶，东端向前突出，好像一只雄鹰又尖又弯的嘴。因为这一形状，鹰嘴岩也被誉为武夷山最奇特的岩峰。

爷爷的科考日志

流香涧

流香涧是武夷岩茶的重要山场之一。它两侧石壁直立夹峙，且距离很近，流水与飞花相依相随，幽香扑鼻，流香涧因此而得名。

山中最佳之景——水帘洞

水帘洞是武夷山风景区最大的岩洞，洞里非常宽敞，可以容纳近千人。洞顶有泉水落下，形成了一个巨大的瀑布。瀑布时而汹涌澎湃，时而随风飘洒，水帘洞因此被誉为“山中最佳之景”。

天上之水，落地成池——浴龙池

水帘洞洞顶的泉水直直地倾泻而下，流到洞底的岩石上，成为山涧水奔流出山。明代官员樊献科珍惜这股泉水，于是凿池蓄泉，这就是浴龙池。

展翅欲飞的燕子峰

燕子峰就像两片重叠的岩石斜斜地插在山峰间，尖尖的岩顶好像燕子的头昂首向东，平展的山壁又好像燕子正要飞翔的身躯。因为它形似展翅欲飞的燕子，所以得名“燕子峰”。

武夷山的美味

武夷山人杰地灵，不仅有美丽的风景、丰富的资源，美食也非常值得称赞。“武夷四宝”（东笋、南茶、西鱼、北米）和武夷山特色菜肴就是武夷山的张张名片，通过它们，更多的人更好地认识了武夷山。

东笋

盛产于武夷山市东路的上梅乡金竹、首阳村一带的竹笋，被称为“东笋”，因其质嫩、色白、清脆、味甜而出名。当地人用东笋制作笋饼、五花肉炖笋干、鲜笋汤等各种美食。

南茶

武夷岩茶举世闻名，南茶即指武夷岩茶，盛产于武夷山市南路的武夷镇、星村镇。生长在岩缝中的茶树产出的茶叶，具有绿茶的清香、红茶的甘醇，是中国乌龙茶中的极品。

北米

北米产于武夷山市北路吴屯、岚谷两乡。由于当地高山地区的特殊气候，所以稻谷长得密实齐整，大米粒大、色好。北米蒸熟后，香味扑鼻，让人食欲倍增。

西鱼

武夷山市西路洋庄乡一带河流中的河鱼鲜嫩无比，肉肥白嫩，味清少刺。烹调鱼时，不需要加其他的作料，只放少许食盐吃起来就鲜美可口，是绝佳的美味。

文公菜

相传，朱熹在讲学闲暇时喜欢钻研美食。他研制的文公菜由肉片、丸子、鸡蛋薄片等食材堆叠蒸熟而成，是后世学子考试前必吃的“吉祥菜”。

八卦宴

除了文公菜，朱熹还创制出了一种用来待客的礼仪宴，叫作八卦宴。它最大的特色就是按照八卦的含义创制了各色菜肴，并据八卦图的方位摆放。各种菜肴既精致又好吃。

胡麻饭

胡麻饭是武夷山最具历史的传统小吃。将上好的糯米用水浸透后蒸熟，再捣烂揉成小团，撒上芝麻和白糖，这样就可以吃啦！胡麻饭的味道香甜，令人回味无穷。

凉水仔

凉水仔是武夷山传统的消暑小吃。将野生的薜荔果去籽后制成半凝固状，吃的时候，可在上面淋上一层蜂蜜。在炎热的夏日来上这么一碗凉水仔，真是一种享受呀！

「ABOUT」关于上尚印象

上尚印象是一个年轻的、充满活力的童书出版品牌。
品牌用专业的能力赋予童书更新颖的现代设计语言和图像风格。产品的阅读人群不仅是儿童，也包括对精品图书着迷的成年人。将知识类童书打造成值得收藏的全年龄段读本，努力开创“没有界限的阅读模式”是我们对产品的无限追求。
上尚印象主创团队从事艺术设计与少儿图书研发二十多年，对儿童出版物具有强烈的敏锐度，主持创作出版的童书达数百种。公司核心团队成员数十人，同时签约多名国内外知名插画家，真正实现了创作自主化模式。团队不仅追求美学与形式化的创新，更加重视选题内容及读者感受。主创成员均来自不同领域，选题研发初期，我们以“小选题”为基础，在各自领域内进行头脑风暴，然后编辑汇总，从而达到“大百科”的知识输出，力争为不同年龄的读者打造出值得收藏的“一本好书”。

「特别感谢」“卷卷爷爷的科考日志”研发组成员
张喆、姜林青、崔佳杰、张博洋、董志刚

「特别介绍」儿童插画师 / 张喆
张喆，儿童插画师，上尚印象签约画手。从事青少年儿童绘画创作十余年，以清新的颜色、细腻的笔触和温暖治愈的绘画风格为读者创造出一个个充满童趣的浪漫世界和一个个鲜活生动的人物形象，为读者带来快乐。目前已出版多部绘画作品，广受欢迎，深受好评。